EMPEZANDO

LAS EXCAVADORAS

MEG GREVE

CREATIVE EDUCATION • CREATIVE PAPERBACKS

ÍND

ICE

VEO UNA EXCAVADORA.

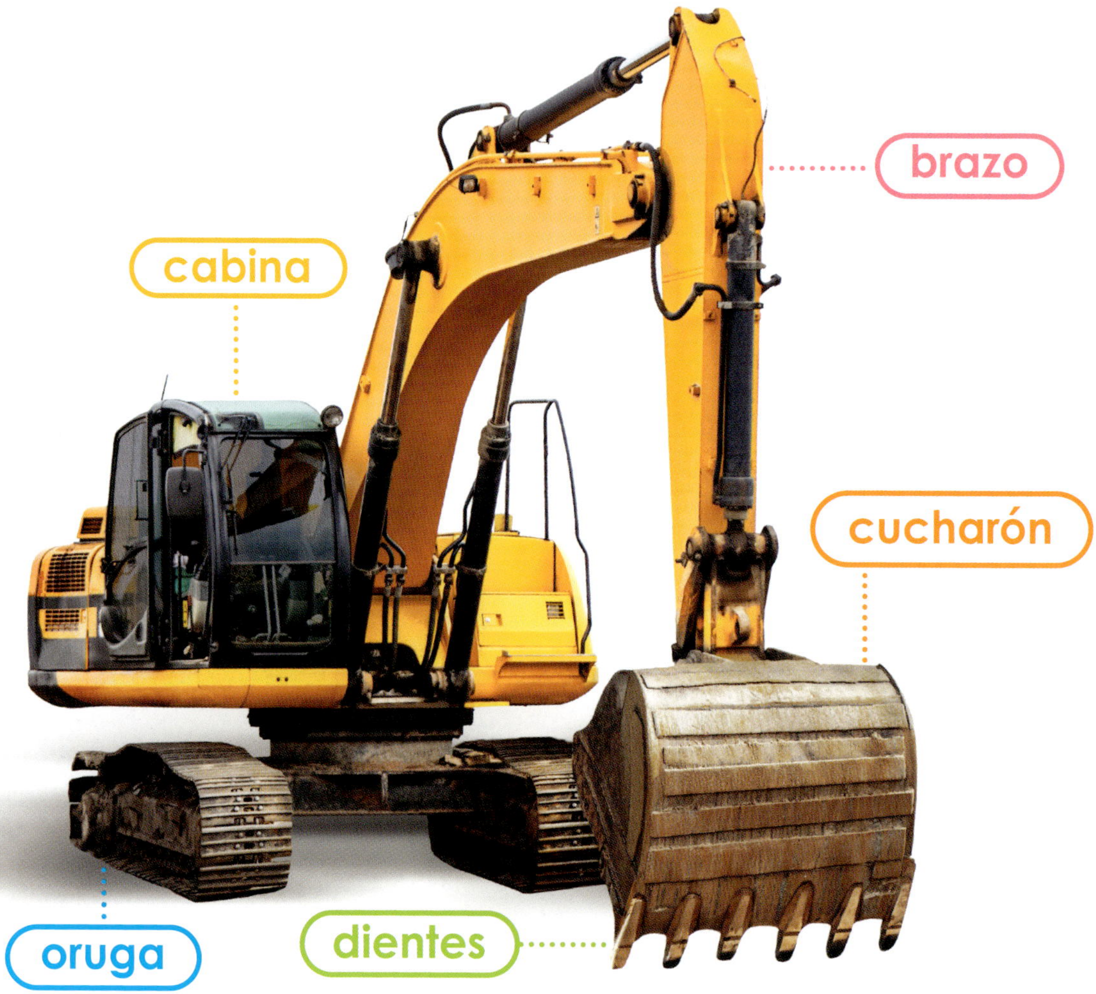

Dentro de la excavadora trabaja un palista.

¡Es hora de trabajar! Podrías ver a una excavadora en una obra.

Tira de la palanca.

¡El brazo se alza!

Empuja la palanca.

¡El brazo baja!

Veo una excavadora

empujando **piedras**.

Veo una excavadora usando su cucharón para tirar de unas piedras.

Una excavadora alza, mueve y despeja.

Una excavadora puede llenar un camión.

Las excavadoras son poderosas. Pueden alzar 10,000 libras (4,500 kilogramos).

¡El mismo peso de un elefante!

HAZ UN SONIDO

¡RRRRN!

¿Puedes imitar los sonidos de una excavadora?

Escucha estos sonidos:

https://www.youtube.com/watch?v=z7xT13m00iY

¡Ahora te toca a ti!

PALABRAS DE EXCAVADORAS

empujando: Que está alejando algo.

obra: En este caso, un lugar donde se construye un edificio.

palista: El operador de una excavadora.

tirar de: Acercar algo a uno.

ÍNDICE ALFABÉTICO

PUBLISHED BY CREATIVE EDUCATION AND CREATIVE PAPERBACKS
P.O. Box 227, Mankato, Minnesota 56002
Creative Education and Creative Paperbacks are imprints of The Creative Company
www.thecreativecompany.us

LIBRARY OF CONGRESS CATALOGING-IN-PUBLICATION DATA
Names: Greve, Meg, author.
Title: Las excavadoras / by Meg Greve.
Other titles: Diggers. Spanish
Description: Mankato, Minnesota : Creative Education and Creative Paperbacks, [2025] | Series: Empezando | Includes index. | Audience: Ages 4-7 | Audience: Grades K-1 | Summary: "Diggers will introduce budding book learners to a noisy, colorful world with this new Starting Out title, in American Spanish. Colorful photos, labeled diagrams, 'Make a Noise' section, glossary, and more ignite a passion for learning"-- Provided by publisher.
Identifiers: LCCN 2024002897 (print) | LCCN 2024002898 (ebook) | ISBN 9798889894452 (library binding) | ISBN 9781682776995 (paperback) | ISBN 9798889894575 (ebook)
Subjects: LCSH: Excavating machinery--Juvenile literature. | Earthmoving machinery--Juvenile literature. | CYAC: Excavating machinery. | Earthmoving machinery. | LCGFT: Instructional and educational works.
Classification: LCC TA732 .G7418 2025 (print) | LCC TA732 (ebook) | DDC 621.8/65--dc23/eng/20240205
LC record available at https://lccn.loc.gov/2024002897
LC ebook record available at https://lccn.loc.gov/2024002898

DESIGN AND PRODUCTION
Design by Rhea Magaro
Production by Beeline Media and Design
Art direction by Tom Morgan
Translation to Spanish by Base Tres
Printed in the United States of America

PHOTOGRAPHS by Alamy (Peter Righteous), Getty Images (ollo, Antagain), Shutterstock (artoflogic, freestore 839, Another77, Another77, Filmfoto, Comaniciu Dan, Krashenitsa Dmitrii, mark gusev, Patryk Kosmider, Bohbeh, Mr. Tempter, narvikk)